基于食品消费调查的食品加工信息收集指南

联合国粮食及农业组织　编著

董　程　译

中国农业出版社
联合国粮食及农业组织
2019·北京

引用格式要求：

粮农组织和中国农业出版社。2019年。《基于食品消费调查的食品加工信息收集指南》。中国北京。44页。许可：CC BY-NC-SA 3.0 IGO。

本出版物原版为英文，即 *Guidelines on the collection of information on food processing through food consumption surveys*，由联合国粮食及农业组织于 2015 年出版。此中文翻译由农业农村部农业贸易促进中心安排并对翻译的准确性及质量负全部责任。如有出入，应以英文原版为准。

本信息产品中使用的名称和介绍的材料，并不意味着联合国粮食及农业组织（粮农组织）对任何国家、领地、城市、地区或其当局的法律或发展状况，或对其国界或边界的划分表示任何意见。提及具体的公司或厂商产品，无论是否含有专利，并不意味着这些公司或产品得到粮农组织的认可或推荐，优于未提及的其他类似公司或产品。

本信息产品中陈述的观点是作者的观点，不一定反映粮农组织的观点或政策。

ISBN 978-7-109-25782-5（中国农业出版社）

联合国粮食及农业组织（FAO）中文出版计划丛书

前 言
FOREWORD

全球化正在迅速影响食品体系。现代食品技术扩大了可用食品的范围，缩短了食品制作时间，延长了保质期，并提高了产品安全性。尽管有上述种种优点，现代食品技术也存在一些弊端。传统的食品生产体系，通常是以家庭为主的食品加工，正迅速被以商业实体为主的食品加工体系所取代。人们对于加工食品的依赖过度，尤其是富含糖、脂肪和盐的高能量食品。加工食品正逐渐取代家常菜，以及标准饮食中的新鲜水果和蔬菜。

全球超重人数和肥胖率呈上升趋势，尤其是在经济和营养转型的国家。据报道，这一趋势与高能量密度的加工食品和高脂肪、高糖饮料的生产和消费增长有关。鉴于此，研究人员提出建立一个分类体系，将有关食品加工性质和程度的信息收集纳入食品消费调查中。这将有助于各国确定加工食品消费在国民饮食中占据主导地位的程度，并让各国政府就如何改善国民饮食提出建议。

2014 年 11 月，在罗马举行的第二届国际营养大会上，各国通过了《营养问题罗马宣言》①，该宣言要求各国着力解决营养不良问题。随附的《行动框架》②为各国提供了一套可执行的政策和行动方案，以实现《营养问题罗马宣言》的承诺。为了实现更有效的营养监测、政策制定和责任制，各国重申需要对营养数据的收集和相关指标进行改进。事实上，《2014 年全球营养报告》③ 中也提到了食品消费信

---

① 粮农组织/世界卫生组织，2014a.《营养问题罗马宣言》，第二届国际营养大会，罗马，2014 年 11 月 19~21 日。

② 粮农组织/世界卫生组织，2014b.《行动框架》，第二届国际营养大会，罗马，2014 年 11 月 19~21 日。

③ 国际食物政策研究所，2014.《2014 年全球营养报告》：促进世界在营养方面取得进展的行动和责任。

息不足的问题。《行动框架》第 14 条建议提出，鼓励各国逐步减少食品和饮料中饱和脂肪、糖、盐和反式脂肪的含量，以防止消费者过量摄入，并改善食品的营养成分。由此可见，食品消费数据对获取有关国民膳食的信息至关重要，并且可以用于监测加工食品在正常膳食中所占的比重。

粮农组织编写这份指南的目的，是为如何将食品加工信息收集纳入到食品消费调查中，并为各国政府和研究人员提供指导。这些指导建议得益于几位公共健康营养学家的报告和评论。借此机会，我向他们为此付出的时间和努力表示感谢。

Anna Lartey

处长，营养处

粮农组织

罗马

缩 略 语
ACRONYMS

EPIC	联合国粮食及农业组织欧洲癌症与营养前瞻性调查
FAO	联合国粮食及农业组织
FFQ	食品频率问卷
HCES	家庭消费与支出调查
IARC‑WHO	世界卫生组织国际癌症研究机构
LPG	液化石油气
NUPENS	健康与营养流行病学研究中心
UPC	通用产品代码
WHO	世界卫生组织
WCRF/AICR	世界癌症研究基金会/美国癌症研究所

关于本指南
ABOUT THE GUIDE

本指南是依据粮农组织一次技术会议的成果制定而成的，会议主题是：在食品消费调查中收集关于食品生物多样性和食品加工的信息。会议于 2013 年 9 月 21~22 日在西班牙格拉纳达举行，正值第 20 届国际营养大会召开之际。与会人员名单见附件 1。本次技术会议有两项成果，其一为本指南，其二为《膳食评估中衡量食品生物多样性指南》。

参 与 者
PARTICIPANTS

Catherine Leclercq，营养处，粮农组织，罗马，意大利

Ruth Charrondière，营养处，粮农组织，罗马，意大利

Renata Bertazzi Levy，健康与营养流行病学研究中心，公共卫生学院，圣保罗大学，巴西

Geoffrey Cannon，健康与营养流行病学研究中心，巴西

Rosalind Gibson，奥塔哥大学，新西兰

Inge Huybrechts，世界卫生组织国际癌症研究机构，里昂，法国

Carlos Augusto Monteiro，健康与营养流行病学研究中心，巴西

Mourad Moursi，生物强化项目，华盛顿，美国

Barrie Margetts，南安普敦大学，英国

Jean-Claude Moubarac，健康与营养流行病学研究中心，巴西

Nadia Slimani，世界卫生组织国际癌症研究机构，法国

Walter Willett，哈佛大学公共卫生学院，波士顿，美国

致 谢
ACKNOWLEDGEMENTS

本指南得到了以下人员的有益建议，以及有关分类的反馈意见：Nathalie Troubat（粮农组织统计处），Piero Conforti（粮农组织统计处），Alessandro Flammini（粮农组织气候、能源和土地处），Cinzia Le Donne（意大利农业研究委员会食品与营养研究中心），Stefania Sette（意大利农业研究委员会食品与营养研究中心），Raffaela Piccinelli（意大利农业研究委员会食品与营养研究中心）；Antonia Trichopoulou（希腊健康基金会），Effie Vasilopoulou（希腊雅典大学医学院）和 Nelia Steyn（南非营养学社会和环境决定因素研究中心）。

Thorgeir Lawrence 负责对语言和结构进行最终编辑以符合粮农组织要求。Joanne Morgante 负责设计和排版。

简　介

INTRODUCTION

在人类发展进化过程中，食品制作和保存起到了至关重要的作用（Wrangham，2013），人最初作为狩猎采集者生存，然后形成定居的社区和文明（Hotz 和 Gibson，2007）。具体而言，食品制作和保存在食品供给和食品体系的形成，以及全球不同饮食习惯和模式发展等方面做出了贡献。生物学和人类学证据表明，大约 200 万年前，原始人类可能首次进行了烹饪（Wrangham，2013）。自新石器时代以来，世界各地许多主食在食用前需要采用各种传统方式进行加工，以确保食品的可食性和适口性，清除食品中一些天然成分的毒素，确保食品的微生物安全，或增加一些可用的微量营养素（Hotz 和 Gibson，2007）。

工业革命前，食品加工方法在几个世纪甚至于几千年间发展缓慢。相反，随着工业化和科技的进步，这些方法迅速发生改变。食品加工的性质、范围和目的已经发生了巨大的变化（Pyke，1972；Goody，1997；Brock，1997；Ludwig，2011）。第一阶段从 19 世纪初的工业革命开始，包括采用越来越高效的机械化方法进行食品的工业化生产，如面包、饼干、蛋糕、乳制品、糖果、果酱、糖浆、软饮料、肉制品和婴幼儿配方奶粉。食品科学和技术的发展提高了食品的可获得和可负担性（Pyke，1970；Potter 和 Hotchkiss，1995；Shewfelt，2009）。随后，在 20 世纪 50 年代，高糖、高精淀粉和高氢化脂的相对廉价的食品首先在北美洲开始生产，其后在欧洲和其他地方的发达国家也开始生产（Omran，1971；Popkin，2002，2006）。从 20 世纪 70 年代起，食品生产和消费模式在全世界都发生了深刻变化，首先，在高收入国家发生了剧烈变化；其次，在中等收入国家的变化不断加速；近期，在低收入国家也开始转变（Popkin 和 Slining，2013；Black 等，2013）。现在，这种全球化的食品体系在很大程度上决定了世界大多数国家的食品供应，即食食品和其他快餐食品的市场份额不断增加（Kennedy，Nantel 和 Shetty，2004；Wahlqvist，2011；Monteiro 和 Cannon，2012；Stuckler 和 Siegel，2011；Stuckler 等，2012；Monteiro 等，2013）。

尽管存在这些趋势，但食品加工中的公共卫生、营养和流行病学研究，以及"加工食品"或"工业化加工食品"这些术语的含义尚未得到系统的重视。大多数营养和流行病学的研究都集中在某些特定食品上。例如，从系统文献综述中得出的结论是，富含脂肪或糖类的高能量密集加工食品，或被称为"快餐"的甜饮料和食品，其高消费很可能就是导致肥胖和相关慢性非传染性疾病的原因（世界癌症研究基金会/美国癌症研究所，2007；世界卫生组织，2003），而且加工肉制品是导致结肠直肠癌的原因之一（世界癌症研究基金会/美国癌症研究所，2011）。

总的来说，关于食品加工对人类健康影响和作用的研究一直较为缺乏，直到最近才有所好转。出现这个问题的原因之一，是食品加工的类别并没有得到合适的界定。需要对不同加工程度的食品（如生鲜食品和最低限度加工食品），和不同类型的食品，包括能量密集的"快餐"产品和含糖饮料，进行区分的呼声越来越高（粮农组织/世界卫生组织，1998；Willett，2003；世界癌症研究基金会/美国癌症研究所，2007；Slimani 等，2009；Mozaffarian 和 Ludwig，2010；Mozaffarian，Appel 和 van Horn，2011）。

因此，需要对加工食品进行更全面和标准化的定义和分类，以便通过营养调查收集消费数据并进行比较，在国际层面更是如此。这些数据对于制定和实施基于食品的准则和方法，从而预防由食品加工导致的慢性疾病是必要的。

目　录
CONTENTS

1 指南的目的

　　本指南的目的是找准在食品消费调查中收集的最佳信息[①]，以便根据食品加工的程度和目的进行分类和数据分析。

　　本指南主要适用于新调查的实施阶段，以鼓励将食品加工信息收集并纳入调查之中。它也可以用来从已经完成的，但并没有按照这个目标进行规划和设计的调查中获取有关食品加工的信息。

　　使用本指南将使收集的信息更准确、更标准、更符合需求。这可以使科学家和决策者加深对食品加工、饮食质量和食品体系整体性质三者相关性的理解，从而有助于更有效地保护人类健康和福祉。

　　在食品消费调查中收集的食品加工信息有多种用途，具体如下：

　　（1）评估

　　①食品加工与饮食质量的关系；

　　②食品加工与营养不足、肥胖和慢性非传染性疾病之间的关系；

　　③食品加工与不同类型饮食的能量密度和总能量摄入之间的关系；

　　④食品加工与食品和营养安全的关系；

　　⑤营养素的膳食摄入量，考虑到加工食品的具体营养成分和营养生物利用率（例如某些营养素的利用率提高以及其他营养素的含量降低）；

　　⑥食用化学品对公共卫生的影响，如污染物处理、食品接触材料残留、生物危害、改良成分（异构化营养物，如反式脂肪酸），这要考虑不同加工方法使用的不同用量；

　　⑦与食品加工相关的自然资源的利用（特别是能源利用）及其对家庭和工业环境的影响。

---

　　① 在本指南中，"食品消费调查"一词包括个人食品消费调查（提供食物摄入量信息）和家庭食品消费调查（提供食品购买信息）。

（2）监测

①加工食品消费的时间趋势（季节趋势和长期趋势）；

②加工食品在人群间消费的差异（根据地理区域、社会人口特征等）。

（3）发展

①充分考虑到基于食品饮食指南的食品加工问题；

②包含有关食品加工信息的饮食质量总体指标；

③改善饮食质量的方法。

2 指南的服务对象

本指南适用于从事食品消费调查计划制定、现场工作或结果分析的科学家和工作人员，以及在联合国机构或其他发展合作伙伴、政府部门、大学和研究中心任职，从事国际、地区、国家或地方层面食品消费调查的官员。

本指南也提供了一个机会，提醒从事食品消费调查的相关人员注意下述工作的重要性：

（1）调查设计，如持续时间，代表性，食物摄入量的量化方法或食物描述的详细程度；

（2）定性、半定量或定量饮食评估方法的选择；

（3）信息收集方法的选择，如食品摄入频率问卷调查、24 小时回顾、家庭预算调查、饮食历史或饮食记录；

（4）数据统计分析；

（5）食品与食品成分表匹配。

本指南强调，要提高对两个关键方法论问题的认识：

（1）根据调查目标，选择最合适方法的必要性（Willett，2013；Murphy 等，2012）；

（2）采用"重复的 24 小时饮食回顾"或饮食记录等短期方法时，要对每个人群的至少一个子样本的食品消耗量进行重复测量，这样才能使用适当的统计工具来评估人群日常食品消费的分配状况（Carriquiry 等，1999；Hoffman 等，2002；Souverien 等，2011）。

与食品成分相关的信息收集不属于本指南的范围，尽管从公共健康的角度来看，这些信息也是非常有意义的，而且有时也与加工类型有关。本文不会详细描述收集食品中添加的盐、糖、甜味剂和营养物质信息的方法。但是，应该认识到，要正确界定食品并将其与适当的食品成分数据相匹配，我们需要收集食品中添加的这些成分的信息。在粮农组织/国际食品数据系统网络指南中，可以找到此类界定的指南（粮农组织/国际食品数据系统网络，2012）。

3 前期工作

目前，最先进的监测技术已经能够收集关于食品加工的详细信息。尽管如此，许多食品消费调查中仍缺少这方面的信息，尤其缺少那些帮助区分食品是来自家庭或手工制作（包括街头食品制作）还是工业加工的数据。在完成数据收集后，由于缺少统一的加工食品定义和分类标准，这些数据的使用同样受到了一定限制。

目前已经存在几种不同的食品加工分类体系（Moubarac 等，2014a），其中尤其突出的两种分类体系在 21 世纪第一个十年的后半段各自独立发展建立起来，并已应用于大型食品消费数据集。

其中一种分类体系由国际癌症研究机构（国际癌症研究机构-世界卫生组织）设计，最初在欧洲癌症和营养前瞻性研究框架内应用（见附件 2）。它依赖于国际癌症研究机构开发的基于国际访谈的 24 小时饮食回顾项目软件（GloboDiet©，最初命名为 EPIC-Soft©）。该软件能够记录有关家庭制作和工业加工食品、配方及其成分的详细且标准化的信息。根据食品加工程度，该体系将食品分为三类，即深度加工食品、中度加工食品和非加工食品（Slimani 等，2009）。这是一个非先验导向的分类体系（即数据驱动的方法）。通过该体系得出了第一批可比较的数据，包括深度加工食品对欧洲整体食品消费、营养摄入量和模式的贡献率（Slimani 等，2009），还可以评估加工食品摄入量与反式脂肪酸生物标志物——血浆磷脂反油酸浓度之间的关系（Chajès 等，2012）。

另一种分类体系叫做诺瓦（NOVA），由巴西圣保罗大学公共卫生学院的研究人员根据工业食品加工的程度和目的设计而成（见附件 3）。它将所有食品分为 4 组，分别为未加工和最低限度加工食品、原料烹饪的加工食品、加工食品、超加工食品和饮品（Monteiro 等，2010；Moubarac 等，2014a）。

NOVA 已被用于描述和监测上述 4 组食品的消费水平，及其对部分国家整体饮食质量和疾病结果的影响（Martins 等，2013，2014；Monteiro 等，

2011，2013；Moubarac 等，2013a，2013b，2014b；Rauber 等，2015；Ca-nella 等，2014）。NOVA 也被用于研究：食品购买的场所（Costa 等，2013），城市环境中超加工食品的可得性（Marrocos Leite 等，2012），衡量全球食品环境的卫生情况（Vandevijvere 等，2013），以及了解贸易和投资自由化对饮食和健康的影响（Baker 等，2014）。

通过使用上述食品分类体系，可以对关键指标进行评估，从而量化不同类别的加工食品在饮食中的作用，例如 Slimani 等（2009）和 Monteiro 等（2011）就对不同类别加工食品的营养和热量比例进行了评估。

4 描述加工食品所需的要素

食品的加工根据类型、程度和目的的不同而有所区别。大多数国家和地区消费的食品都是加工食品。将工业化生产的食品同手工制作的食品区分开很有必要，因为不同的加工方式采用不同的配料和方法，目的也有所不同。同时，区分这些食品的加工类型也很重要。

为了达到本指南的目的，所有食品（包括饮料）只要不是鲜食的，或不是通过简单程序①进行加工的（如清洗、剥皮和去除不可食用部分、切割、挤压、混合或冷藏）都被归类为"加工食品"。

许多变量可以用来描绘食品加工的特征，包括：

（1）对于在家庭或手工环境中制作的食品（包括街头食品）

①菜肴：配料表和制作方法，包括制作程度和强度（烹饪方法、物理方法、保存方法）；

②加工食品的加工程序、加工顺序（完全自制、加工配料的混合、即食或加热）；

③负责烹饪或制作的人员（家庭成员、餐厅、手工面包店或街头食品供应商）；

④制作或销售的地点，或两者兼而有之（家庭、街头食品供应商、社区厨房等）。

（2）对于在工业环境中生产的食品

---

① 目前，这一领域的研究团队并未就仅通过一些简单程序（如剥皮、切割、去除不可食用部分或挤压）而改变的食品类别名称达成共识。如附件 2 和附件 3 所示，一些研究团队将其称为"未加工"（Slimani 等，2009），或"最低限度加工"（Monteiro 等，2011）。《国际食品法典标准》一般不提供加工食品的定义，而这类操作被认为是对某些商品的"加工"或"制造"，而非其他。因此，与剥皮、切割等采后处理不同的任何操作在新鲜水果和蔬菜法典委员会的职权范围与加工水果和蔬菜法典委员会的职权范围之间划定界限。同时，根据"肉类卫生操作规范"，鲜肉是指"除经冷冻及保护性包装的肉类外，未经基于保险目的的其他方式处理的，保留其自然特性的肉类"。

①品牌和产品名称；

②完整的配料表，包括添加剂；

③制作方法，包括制作程度和强度（烹饪方法、物理方法、保存方法、提取率）；

④购买或销售的地点，或两者兼而有之（工业快餐主体的品牌名称是关键信息）。

当食品加工的相关信息旨在用于评估环境资源的利用时，还需要增加以下变量：

①所使用能源的数量和来源（如木炭、木材、液化石油气、天然气、电力）和用于食品烹饪的灶具类型（如三石火、带烟囱的天然气灶、没有烟囱的液化气灶等）；

②家庭和非家庭环境中用于加工食品的能源用量和来源（如电力、天然气、其他化石燃料、可再生能源）。

将所有相关信息都收集到通常是不可能的，特别是在必须简化的大规模调查中。在进行工业加工食品调查时，品牌和产品名称的信息收集非常重要。将收集的信息与数据库（如食品企业网站）相连接，可以得到配料表和其他关于制作和加工方法的信息，而这些信息通常足以描绘食品加工的特征。显然，这些额外信息的获取量取决于调查目的，以及可用资源和其他实际问题，如被访者获得必要信息的可行性及信息收集所需的时间（如填写问卷）。

5 合适的收集方法

收集食品供应和消费信息的一些方法在收集食品加工信息方面的作用有限。

（1）食品平衡表只能提供有限数量的供消费食品，以及糖、油、面粉等被用作配料的、食品名称中隐含其加工过程的食品的信息。

（2）定性调查，如家庭或个人饮食多样性调查问卷，通常能收集对几个广泛食品类别消费的定性信息，但无法获得有关食品加工的信息。

（3）"双份饭"法仅能提供有关整体饮食构成的信息，但无法提供包括食品加工在内的食品性质等信息。

（4）旨在评估粮食安全的方法，如粮食不安全度量表和应对战略指数法，都属于定性调查方法，无法提供食品加工信息。

根据研究的目标、环境（农村与城市）以及可用的资金、材料和人力资源，有许多其他合适的方法能收集食品加工信息。表1列明了不同情况下不同方法的实用性和相关性。

表1　获得信息的调查方法比较

方法[1]	潜力[2]	优势和劣势	适用条件
食品频率问卷（FFQ）	低—中	获得信息的可能性取决于食品列表的详细程度。然而，通过食品频率问卷法获得信息的详细程度永远无法与使用开放食品列表方法（例如食品记录法或24小时饮食回顾法）获得信息的详细程度媲美。	根据食品是否加工，可以将食品列表中的一些食品进行区分（例如，加工肉类可以与未加工肉类分开）。 此外，对于食品列表中的一些食品，可以在问卷中增加一些探究式问题来帮助调查者明确加工类型，并详细说明加工过程发生在购买前还是购买后。

（续）

方法[1]	潜力[2]	优势和劣势	适用条件
饮食史调查	中	饮食史调查法是一种对以往饮食进行开放式回忆的方法。通过该方法可以获得加工类型的详细信息。如果涉及的时间过于久远，获得的信息可能不太准确。	在采访时，对于少量食品可以询问和记录关于加工类型的额外信息。对于日常消费品和消费者偏好程度较高的食品，如谷类早餐和饮料，此方法获得的信息可能更准确。
家庭消费和支出调查（列表回顾法、食品账单法、库存法和其他技术方法），可以是开放的饮食日志或固定食品列表	低—中	家庭消费和支出调查是收集用户"购买"的食品的加工信息最便捷的方法。无法提供家庭层面上任何关于食品加工的额外信息。使用时设计的问卷等必须是针对具体国家的，而且如果想通过增加食品列表来调整调查问卷，那么可能会遇到抵触情绪，尤其是当调查对象认为问卷已经很长且麻烦时。在大多数情况下，不考虑家庭以外购买和消费的食品（如街头食品或食堂的食品）。	通过以下方式可以获得关于加工的信息：（1）增加固定食品列表的长度；（2）使用开放饮食日志收集所有购买食品的信息，但是数据处理可能变得困难；（3）在食品列表中添加某些食品，在问卷中增加一些探究式问题来帮助调查者明确加工类型，并详细说明加工过程发生在购买前还是购买后。对于商业加工食品，应记录购买时品牌、产品名称以及加工类型等信息（新鲜、干燥、冷冻等）。
家庭消费和支出调查（HCES），通过电子扫描购买食品上的条形码进行	中	通过电子扫描购买食品上的条形码进行的家庭消费和支出调查是非常有效的。无法提供家庭层面上任何关于食品加工的额外信息。只涵盖带有条形码的购买食品，而非全部饮食。不考虑在家庭以外购买和消费的食品（如街头食品或食堂的食品）。	在数据收集阶段不需要进行任何调整，因为电子扫描能自动识别品牌和产品名称。通过将条形码链接到通用产品代码（UPC）数据库，就可以使用收集到的信息。

（续）

方法[1]	潜力[2]	优势和劣势	适用条件
照相法（通过图像分析和手机或数码相机拍摄照片的容量分析来评估食品消费）	中—高	通过照片记录一段时间内个体消费的所有食品。通过品牌和产品名称就可能获得工业食品的加工信息。如果照片是在消费前拍摄的，且包括包装、品牌名称或任何手工食品特征的信息，还能获得家庭或手工加工的食品的信息。这些信息也可以从被访者通常保存的记录或调查提问中得到。如果购买的食品不带商标（如街头食品和食堂的食品），则无法通过照片获得食品具体配料的信息。	在数据收集阶段不需要进行任何调整，因为品牌名称、产品名称和成分列表一般可以通过照片得到。通过将条形码链接到通用产品代码数据库，就可以使用收集到的信息。 如果想明确加工过程发生在食品购买前还是购买后，需要在食品制作期间拍摄照片。
食品记录（称重食品记录，预估食品记录）	高—极高	这是一个开放式方法，如果食品记录是针对相应范围构建的，那么可获得有关加工类型的具体信息。采访者在采访时需要深入提问，请被访者对食品加工进行详细描述。	可以通过深入提问来获得有关加工的信息（新鲜、干燥、冷冻等），以及了解加工过程发生在购买前还是购买后。需要收集品牌名称和产品名称。对于手工制作的食品，需要收集配料表。
24小时回顾	极高	这是一个开放式的方法，通常通过采访者面谈或电话访问的方式来进行。24小时回顾法能够获得十分详细的关于加工类型的信息。 如果通过自填问卷来进行，那么收集到的信息的准确性可能远低于通过面谈或电话访问收集到的信息。	可以通过深入提问来获得有关加工的信息（新鲜、干燥、冷冻等），以及了解加工过程发生在购买前还是购买后。需要收集品牌名称和产品名称。对于手工制作的食品，需要收集配料表。

注释：（1）关于所列方法的更多信息可见 Willett（2013）。（2）获取信息或适用性的潜力（低、中、高、极高）。

开放式方法显然是收集食品加工信息最合适的方法。在大多数高收入国家，由于工业加工食品占据主导地位，收集产品名称及其品牌时就同时收集了大量隐含信息。将产品名称及其品牌链接到生产企业的网站或通用产品代码数据库，就能检索出食品配料表和营养成分，并根据加工类型进行分类。然而，重要的是不要低估加工食品相关信息数据处理时所需的资源，因为随着新产品的研发和新技术的发展，同一产品的配方也在不断变化。

对于使用固定食品列表的方法，首先要列出研究领域中最常见的供应和消费食品或产品的清单。加工产品的库存数据也是可用的。

6 需要解决的问题及对策

在收集食品加工信息的调查阶段，或利用现有的食品消费数据搜索加工信息时，可能会遇到一些问题。

（1）如果某些食品的一些关键加工信息（如面粉提取率）缺失，应该怎么办？

这些信息并非总能直接从调查对象那里获得，但可以通过品牌、产品名称，或根据与研究背景有关的辅助信息做出最佳判断（如某些加工食品类型的市场份额）来间接获得。

（2）如何处理包含一些加工配料的食谱？

系统地分析食谱的处理方式是很重要的，要将食谱尽可能地细化为配料表，并且将配料加工过程中收集到的信息与食谱制作过程中收集到的信息分开处理。配料加工的有关信息并非总能收集到，因为受访者无法提供此类信息，或者收集数据信息需要花费的时间太多。在这种情况下，为了做出最佳判断，需要使用加工食品所用配料的有关辅助信息。

（3）如何将食品加工的更多细节纳入更简化的调查？

我们需要判断对于不同食品，哪些信息在收集中最为重要。理想情况下，可基于使用开放式方法进行的代表性样本群体的试点研究确定。

（4）对于开放式方法（如24小时回顾或饮食记录），如何收集每种消费食品的大量信息，而不会导致非常复杂的分类和编码体系？

食品可以通过基本食物列表进行编码，该列表不包括食品加工的详细信息。调查者可以通过食品的其他特征，如品牌名称、烹饪方法等来收集有关食品特定方面的详细信息（如加工类型和加工度）。欧洲食品安全局（EFSA，2011）研发的 FoodEx2 系统就是此类编码系统之一。

（5）对于使用固定食品列表的方法（如食品频率问卷或家庭消费和支出调查），如何在不增加太多固定食品列表条目的情况下，收集有关加工的详细信息？

　　确定收集加工信息的食品的优先顺序，为优先食品制定更多的条目是非常
必要的。而且，这要基于开放式方法的试点研究。使用扩展式问题的交互式食
品频率问卷能够使问卷变得更加简洁。如果使用此类问卷，需要设计仅针对经
常消费食品的更为详细的问题。

7 下一步后续工作

　　本指南只是迈出了倡导收集食品加工信息的第一步。我们需要鼓励将食品加工信息的收集工作纳入大规模调查之中。第 4 节简要介绍的两种食品分类体系，在附件 2 和附件 3 中对其进行了详细说明，它们都被认为是合理的分类体系。如果调查者能更加频繁使用以上分类体系，则能更好地评估不同情况下收集有关食品加工详细信息的可行性。

　　建议从事这项工作的科学家们相互合作，分享各自关于将食品加工信息收集纳入食品消费调查的经验，以及公布关于食品加工对公共健康重要性的调查结果。

　　将包含加工食品配料表和营养构成的数据库公开，也是科学评估加工食品对健康影响的关键要素。应积极支持该领域实现数据共享。

参考文献
REFERENCES

Baker, P. , Kay, A. & Walls, H. 2014. Trade and investment liberalization and Asia's non-communicable disease epidemic: a synthesis of data and existing literature. *Globalization and Health*, 10: 66.

Black, R. E. , Victora, C. G. , Walker, S. P. & the Maternaland Child Nutrition Study Group. 2013. Maternal and child undernutrition and overweight in low-income and middle-income countries. *The Lancet*, 382 (9890): 427 - 451.

Brock, W. H. 1997. Liebig on Toast: The Chemistry of Food. Ch. 8, in: Justus von Liebig. The Chemical Gatekeeper. Cambridge University Press, Cambridge, UK.

Canella, D. S. , Levy, R. B. , Martins, A. P. B. , Claro, R. M. , Moubarac, J. C. , Baraldi, L. G. , Cannon, G. & Monteiro, C. A. 2014. Ultra-processed food products and obesity in Brazilian households (2008—2009) . *PLoS One*, 9 (3): e92752. doi: 10. 1371/journal. pone. 0092752.

Carriquiry, A. L. 1999. Assessing the prevalence of nutrient inadequacy. *Public Health Nutrition*, 2 (1): 23 - 33.

Chajès, V. , Biessy, C. , Byrnes, G. , and 44 others. 2011. Ecological-level associations between highly processed food intakes and plasma phospholipid elaidic acid concentrations: results from a cross-sectional study within the European Prospective Investigation into Cancer and Nutrition (EPIC) . *Nutrition and Cancer-An International Journal*, 63 (8): 1235 - 1250. doi: 10. 1080/01635581. 2011. 617530.

Costa, J. C. , Claro, R. M. , Martins, A. P. & Levy, R. B. 2013. Food purchasing sites. Repercussions for healthy eating. *Appetite*, 70: 99 - 103. doi: 10. 1016/j. appet. 2013. 06. 094.

EFSA [European Food Safety Authority] . 2011. The food classification and description system FoodEx2 (draft-revision 1) . European Food Safety Authority, Parma, Italy. Available at http: //www. efsa. europa. eu/en/search/doc/215e. pdf Accessed 2015 - 03 - 23.

FAO [Food and Agriculture Organization of the United Nations] . (in preparation). Guidelines on Assessing Food Biodiversity in Dietary Surveys.

FAO/INFOODS. 2012. FAO/INFOODS Guidelines for Food Matching. Version 1. 2 (2012). Available at: http: //www. fao. org/docrep/017/ap805e/ap805e. pdf Accessed 2015 - 03 - 23.

FAO/WHO [World Health Organization] .1998. Preparation and use of food-based dietary guidelines. Report of a Joint FAO/WHO Consultation. WHO Technical Report Series,

880. WHO，Geneva，Switzerland.

FAO/WHO. 2014a. Rome Declaration on Nutrition. Second International Conference on Nutrition，Rome，19 - 21 November 2014. Available at http：//www. fao. org/3/a-ml542e. pdf Accessed 2015 - 03 - 28.

FAO/WHO. 2014b. Framework for Action. Second International Conference on Nutrition，Rome，19 - 21 November 2014. Available at http：//www. fao. org/3/a-mm215e. pdf Accessed 2015 - 03 - 28.

Goody, J. 1997. Industrial food. Towards the development of a world cuisine. In：C. Counihan and P. Van Esterik，P. （eds）. *Food and Culture*. Routledge，New York，USA.

Hoffmann, K. , Boeing, H. , Dufour, A. , Volatier, J. L. , Telman, J. , Virtanen, M. , Becker, W. & De Henauw, S. for the EFCOSUM Group. 2002. Estimating the distribution of usual dietary intake by short-term measurements. *European Journal of Clinical Nutrition*，56（Suppl. 2）：S53 - S62.

Hotz, C. & Gibson, R. S. 2007. Traditional food-processing and preparation practices to enhance the bioavailability of micronutrients in plant-based diets. *Journal of Nutrition*，137（4）：1097 - 1100.

IFPRI [International Food Policy Research Institute] . 2014. Global Nutrition Report 2014：Actions and Accountability to Accelerate the World's Progress on Nutrition. IFPRI，Washington，D C，USA.

Kennedy, G. , Nantel, G. & Shetty, P. 2004. Globalization of food systems in developing countries：a synthesis of country case studies. pp. 1 - 25，in：Globalization of food systems in developing countries：impact on food security and nutrition. *FAO Food and Nutrition Paper*，83. FAO，Rome. Available at http：//www. fao. org/3/a-y5736e. pdf Accessed 2015 - 03 - 23.

Marrocos Leite, F. H. , de Oliveira, M. A. , Cremm, E. C. , Abreu, D. S. , Maron, L. R. & Martins, P. A. 2012. Availability of processed foods in the perimeter of public schools in urban areas. *Jornal de Pediatria*，88（4）：328 - 334.

Ludwig, D. S. 2011. Technology，diet，and the burden of chronic disease. *Journal of the American Medical Association*，305（13）：1352 - 1353.

Martins, A. P. B. , Levy, R. B. , Claro, R. M. , Moubarac, J. - C. & Monteiro, C. A. 2013：Increased contribution of ultra-processed food products in the Brazilian diet（1987—2009）. *Revista de Saude Publica*，47（4）：656 - 665.

Martins, C. A. , de Sousa, A. A. , Veiros, M. B. , González-Chica, D. A. & Proença, R. P. 2014（as Epub ahead of print）. Sodium content and labelling of processed and ultra-processed food products marketed in Brazil. *Public Health Nutrition*，2014，28：1 - 9. doi：10. 1017/ S1368980014001736.

Monteiro, C. A. & Cannon, G. 2012. The impact of transnational "Big Food" companies on the South：A view from Brazil. *PLoS Medicine*，9（7）：e1001252.

Monteiro, C. A. , Levy, R. B. , Claro, R. M. , Castro, I. R. R. & Cannon, G. 2010. A new classification of foods based on the extent and purpose of their processing. *Cadernos de Saúde Publica*, 26 (11): 2039 – 2049.

Monteiro, C. A. , Levy, R. B. , Claro, R. M. , Castro, I. R. R. & Cannon, G. 2011. Increasing consumption of ultra-processed foods and likely impact on human health: evidence from Brazil. *Public Health Nutrition*, 14 (1): 5 – 13.

Monteiro, C. A. , Cannon, G. , Levy, R. B. , Claro, R. M. , Moubarac, J. -C. , and 4 others. 2012. The Food System. Ultra-processing. The big issue for disease, good health, well-being. *World Nutrition* [Journal of the World Public Health Nutrition Association]. 3 (12): 527 – 569.

Monteiro, C. A. , Moubarac, J. -C. , Cannon, G. , Ng, S. & Popkin, B. 2013. Ultra-processed products are becoming dominant in the global food system. *Obesity Reviews*, 14 (Special issue: Suppl. 2): 21 – 28.

Moubarac, J. C. , Martins, A. P. B. , Claro, R. M. , Levy, R. B. , Cannon, G. & Monteiro, C. A. 2013a. Consumption of ultra-processed foods and likely impact on human health. Evidence from Canada. *Public Health Nutrition*, 16 (12): 2240 – 2248.

Moubarac, J. -C. , Claro, R. M. , Baraldi, L. G. , Martins, A. P. , Levy, R. B. , Martins, A. P. B. , Cannon, G. & Monteiro, C. A. 2013b. International differences in cost and consumption of ready-to-consume food and drink products: United Kingdom and Brazil, 2008—2009. *Global Public Health*, 8 (7): 845 – 856.

Moubarac, J. -C. , Parra, D. , Cannon, G. & Monteiro, C. A. 2014a. Food classification systems based on food processing: significance and implications for policies and actions: a systematic literature review and assessment. *Current Obesity Reports*, 3 (2): 256 – 272.

Moubarac, J. -C. , Batal, M. , Martins, A. P. B. , Claro, R. , Levy, R. B. , Cannon, G. & Monteiro, C. 2014. Processed and ultra-processed food products: consumption trends in Canada from 1938 to 2011. *Canadian Journal of Dietetic Practice and Research*, 75 (1): 15 – 21. doi 10. 3148/75. 1. 2014. 15.

Mozaffarian, D. & Ludwig, D. S. 2010. Dietary guidelines in the 21st century-a time for food. *JAMA-Journal of the American Medical Association*, 304 (6): 681 – 682. doi: 10. 1001/ jama. 2010. 1116.

Mozaffarian, D. , Appel, L. J. & Van Horn, L. 2011. Components of a cardioprotective diet: new insights. *Circulation*, 123: 2870 – 2891.

Murphy, S. , Ruel, M. & Carriquiry, A. 2012. Should Household Consumption and Expenditures Surveys (HCES) be used for nutritional assessment and planning? *Food and Nutrition Bulletin*, 33 (3 Suppl.): 235 – 241.

Omran, A. R. 1971. The epidemiologic transition: theory of the epidemiology of population change. *Milbank Memorial Fund Quarterly*, 49 (4): 509 – 538.

Popkin, B. M. 2002. An overview on the nutrition transition and its health implications: the Bellagio meeting. *Public Health Nutrition*，5（1A）：93 – 103. doi：10. 1079/PHN2001280.

Popkin，B. M. 2006. Global nutrition dynamics：the world is shifting rapidly toward a diet linked with noncommunicable diseases. *American Journal of Clinical Nutrition*，84（2）：289 – 298.

Popkin，B. M. & Slining，M. M. 2013. New dynamics in global obesity facing low-and middle-income countries. *Obesity Reviews*，14（Special issue；Suppl. 2）：11 – 20.

Potter，N. N. & Hotchkiss，J. H. 1995. Food Science. 5th ed. Chapman and Hall，New York，USA.

"在食品消费调查中收集食品生物多样性和食品加工信息"技术会议简况及与会人员

粮农组织于 2013 年 9 月 21～22 日，在西班牙格拉纳达召开了"在食品消费调查中收集食品生物多样性和食品加工信息"技术会议，本次会议邀请了 3 组专家参会：①在食品消费调查中收集生物多样性信息的专家；②在食品消费调查中收集食品加工信息的专家；③进行过大规模食品消费调查的专家。

将以上 3 组专家聚集在一起，来确定收集食品加工和生物多样性信息的最佳方法，同时研究将这些方法应用于大规模食品消费调查的可行性。会议包括全体会议和两个工作组会议，分别侧重于生物多样性和食品加工。

粮农组织技术会议主席：Mark Wahlqvist

粮农组织技术会议报告员：Hilary Creed-Kanashiro

食品加工工作组主席：Mourad Moursi

食品加工工作组报告员：Geoffrey Cannon

生物多样性工作组主席：Harriet Kuhnlein

生物多样性工作组报告员：Céline Termote

参会人员名单

Renata Bertazzi Levy

科学研究员

预防医学系

圣保罗大学医学院

巴西

Geoffrey Cannon

高级访问学者

健康与营养流行病学研究中心

Hilary Creed-Kanashiro

高级研究员

营养调查研究院

利马，秘鲁

Rosalind S Gibson

研究员

奥塔哥大学人类营养学院

圣保罗大学公共卫生学院
巴西

达尼丁，新西兰

Inge Huybrechts
研究员
公开饮食评估小组
国际癌症研究机构
法国

Carlos A. Monteiro
营养与公共卫生教授
健康与营养流行病学中心创始人
圣保罗大学公共卫生学院
巴西

Gina Kennedy
组长，营养和健康饮食多样性
国际生物多样性中心
意大利

Jean-Claude Moubarac
博士后研究员
圣保罗大学公共卫生学院
巴西

Harriet Kuhnlein
创始人，土著人群营养与环境中心
麦吉尔大学，加拿大

Mourad Moursi
研究员
国际作物营养强化/国际食物
政策研究所
华盛顿，美国

Thinganing Longvah
食品化学部门
副主任
国家营养研究所，印度

Nadia Slimani
公开饮食评估小组组长
国际癌症研究机构
法国

Deborah H. Markowicz Bastos
助理教授
圣保罗大学公共卫生学院营养系
巴西

Céline Termote
研究支持官员
营养和营销多样性项目
国际生物多样性
罗马，意大利

Liisa Valsta
高级官员
欧洲食品安全局
意大利

Ray-Yu Yang
营养学家
亚洲蔬菜研究发展中心-世界蔬菜中心
中国台湾省

Mark L. Wahlqvist
莫纳什大学医学荣誉教授
墨尔本，维多利亚州
澳大利亚

粮农组织职员：

Janice Albert
营养官员，营养处
经济和社会发展部
粮农组织
罗马，意大利

Catherine Leclercq
营养官员，营养处
经济和社会发展部
粮农组织
罗马，意大利

Ruth Charrondière
营养官员，营养处
经济和社会发展部
粮农组织
罗马，意大利

Warren T. K. Lee
营养官员，营养处
经济和社会发展部
粮农组织
罗马，意大利

国际癌症研究机构的食品定义和设计的分类体系

国际癌症研究机构（世界卫生组织，法国里昂）公开饮食评估小组配合进行了一项欧洲癌症与营养前瞻性调查的研究，在该研究中使用了工业加工食品和饮料的定义和分类。

欧洲癌症与营养前瞻性调查是一项欧洲大型流行病学的研究，涉及人数超过 52 万，主要针对非加工食品和中度加工食品的消费情况进行调查，而 Slimain 等（2009）发布的一份研究报告，则旨在对深度加工食品消费情况进行调查。为此，通过标准化的电脑访谈程序（EPIC-soft©，最近更名为 Globod-iet©）收集的每种食品都根据其加工程度进行了记录。为了使这些标准化的 24 小时饮食回顾数据在各个中心之间具有可比性，将所有食谱进行拆分，在食物和配料层面进行比较。然后根据加工类型，将食谱中的食物和配料分为三大类，如表 2 所示。

所有"工业/商业"食谱中包含的全部食材都被编码为工业加工食品，而家庭自制食谱要根据使用的食材是生料还是中度加工或工业加工来编码，在各国间使用相同的定义和分类体系。

深度加工食品

已经经过工业加工的食品，包括来自面包店、咖啡厅的食品，以及不需要任何内部加工或除了加热和烹饪外最小化内部加工的食品（如面包、早餐麦片、奶酪、商业调味酱、果酱等罐装食品、商业蛋糕、饼干和酱汁）。

中度加工食品

中度加工食品分为两类。第一类，经过相对适度加工，且在食用时不需要进一步烹饪的工业和商业食品。如干果、在受控或改良条件下储存的生食（如沙拉）、真空包装食品、冷冻甜品、特级初榨橄榄油、水果和蔬菜罐头。第二类，在家庭层面进行加工，从生食或中度加工食品制作或烹饪而成的食品。如由生鲜食材，或真空包装、速冻、罐装食品烹饪而成的蔬菜、肉类和鱼类。

非加工食品

仅使用生鲜食品，除洗涤、切割、去皮、压榨外，不经任何进一步加工或制作的食品，例如水果、未加工的坚果、蔬菜、甲壳类动物、软体动物、新鲜果汁。

加工过程未知的食品

对于加工过程未知的食品，以研究对象提供的信息为依据（如保存方法未知的蔬菜、牛奶和肉类，或加工过程信息未知的蛋糕、奶油甜点等自制或商业加工食品）。

Slimani 等（2009）发表了针对工业和商业加工食品和配料的术语和分类定义。表 2 列举了一些例子。

表 2　部分食品组别分类举例

食品组别	中度加工食品[1]			非加工食品，仅使用生食
	高度加工食品[1]	无需进一步烹饪	从生食或中度加工食品制作的食品[1][2]	
蔬菜、豆类	工艺：盐腌、混合、酸渍、浓缩、发酵、干燥、灌装在商业酱汁或油脂中 例如：烤洋葱（商业），晒干或过油蔬菜，蒜泥，番茄酱，酸菜，保存在番茄酱中的罐装豆类	例如：保存在原汁、水或盐水中的罐装蔬菜，保存在原汁、水或盐水中的罐装豆类	例如：新鲜或冷冻的煮熟蔬菜，干的煮熟豆类	例如：生鲜蔬菜，磨碎的生鲜蔬菜
谷物产品、面包[3]	工艺：强烈研磨、混合、使用工业原料、灌装在商业酱汁中、干燥、面包制作、挤压、强化 例如：淀粉，面粉，小麦胚芽，麦麸，保存在番茄酱中的罐装式饺子，意大利面（浓缩或非浓缩、新鲜或干燥、煮熟），煮熟的白米饭，面包，面包屑，奶油饼干，面包干，早餐麦片，咸饼干，普通爆米花，商业烤面团		例如：煮熟的谷物，煮熟的全麦米饭	

（续）

食品组别	中度加工食品[1]			非加工食品，仅使用生食
	高度加工食品[1]	无需进一步烹饪	从生食或中度加工食品制作的食品[1][2]	
红肉、家禽和野味	工艺：混合、使用工业原料、盐腌、熏制、腌制、灌装在商业酱汁或油脂中 例如：保存在肉汤中的罐装肉类	例如：冷冻或真空包装的生肉	例如：新鲜或真空包装的煮熟的肉	例如：生肉
油脂	工艺：油提取和纯化、混合、氢化、黄油制作、强化 例如：黄油，人造黄油，油炸油脂，烹调油脂	例如：初榨橄榄油，来自油炸鱼类或肉类的油脂		
糖和糖果	工艺：糖提取和纯化、混合、使用工业原料、发酵、烘烤和研磨 例如：糖，蜜饯或果脯，果酱，橘子酱，巧克力制品，糖果，冰淇淋，糖浆			例如：蜂蜜
非酒精饮料[4]（果汁、蔬菜汁、软饮料、稀释糖浆、咖啡、茶、草药茶、水）	工艺：混合、使用工业原料、发酵、酿造、烘烤、干燥、浓缩、冷冻干燥、巴氏杀菌		例如：绿茶、甘菊茶	例如：鲜榨果汁、自来水，香料、草药、调味品
酵母、香料、草药、调味品	工艺：混合、使用工业原料、干燥、发酵、强化 例如：肉汤块或粉末，盐，酵母，醋，香料	例如：干欧芹		例如：鲜欧芹

注：（1）"食品"一词既指食品，也指食谱的配料。（2）包括家庭自制、餐馆和咖啡厅的加工食品（熟食）。（3）食谱被拆分为配料来进行分析，所以自制蛋糕最终会被认为由80％的高度加工工业/商业配料和20％的中等程度加工配料制成，而商业蛋糕则由100％的高度加工工业/商业配料制成。（4）本分类体系不包括酒精饮品。（5）对于一些食品，如葡萄干、豆类、绿茶、核桃、香菜，干燥过程可以被认为是中度加工，和天然步骤接近；而对于马铃薯、进行盐腌或灌装在油脂中的食品等，干燥过程应被认为是高度加工。

附 件 3

健康与营养流行病学研究中心的
食品定义和设计的 NOVA 分类体系

NOVA 分类体系是由巴西圣保罗大学公共卫生学院健康与营养流行病学研究中心设计的（Monteiro 等，2012）。

根据工业加工的程度和目的，NOVA 分类体系将食品分为 4 组。根据该分类体系，在家中或类似场所、餐馆或手工环境中，通过手工或使用简单工具从头开始制作的生鲜食品，不属于工业加工食品。所有类型的家庭或手工制作食品，应尽可能拆分为其组成配料，以便每种组成配料都能归入 4 组之中。该分类体系不考虑酒精饮品。

第一组：未加工和最低限度加工食品

未加工食品是指收获、采集、屠宰或饲养后立即使用的植物源（如叶、茎、根、块茎、果实、坚果、种子）或动物源（如肉、组织和器官、蛋、牛奶）食品。

最低限度加工食品是指不添加或引入任何物质成分，但可能去除未加工食品部分物质成分的食品。工艺包括清洁、擦洗、清洗，风选、脱壳、去皮、摩擦、挤压、剥落，剥皮、剔骨、雕刻、分割、刮鳞、切片，干燥、撇脂、减脂，以及烹饪、巴氏消毒、杀菌、冷藏、冷冻、密封、装瓶（诸如此类），简易包装、真空和气体包装。在麦芽啤酒中添加水的过程也属于最低限度加工，因为这是一个添加有机体的发酵过程，但过程中不会产生酒精。

第二组：已加工的烹饪配料

已加工的烹饪配料是指从食物成分中提取和精制的食品，如植物油、动物油脂、淀粉和糖；或从自然界获得的食品，如盐。加工的具体过程包括压榨、碾磨、压碎、研磨和粉碎。

已加工的烹饪原料通常不会单独食用。它们在饮食中的主要作用是与食物结合，制作出美味、多样、营养和愉快的菜肴和餐食。例如用于烹饪食物或加入沙拉中的油和盐，用于制作水果或牛奶甜点或加入饮料中的糖。

第三组：加工食品

加工食品是通过将盐或糖（或其他烹饪用途的物质，如油或醋）加入未加工或最低限度加工的食品中，以保存或提升口感。由此制作的食品，以原始食品为基础，不会进行重新制作，仍被认为属于原始食品类别。它们包括保存在盐水中的罐装或瓶装蔬菜或豆类，保存在糖浆中的全果或切片水果，保存在油中的罐装全鱼或切片鱼，部分类型的加工肉制品和鱼产品，如火腿、熏肉和其他未经重新制作的肉制品，熏鱼，奶酪，以及用小麦粉（或其他谷物粉）、水、发酵物和盐制成的面包。

与已加工的烹饪配料一样，一些加工食品仍然可以用简单的工具手工制作，尽管目前几乎所有的加工食品都是工业化生产的。除了烹饪、装罐或装瓶，具体工艺包括在油脂或糖浆中进行保存、盐腌、盐浸、烟熏和腌制。加工食品保留了原始食品的基本特征和大部分成分，但添加的物质会渗透进食物并改变其性质。它们通常被制作成食用餐食或菜肴的一部分，但也可以与超加工食品一起使用，用来代替以生鲜食物为基础制作的菜肴和餐食。

第四组：超加工食品和饮料

超加工食品有一个明显特征，就是它们主要或全部由食品或其他有机源的物质成分制成，但通常含量很少，甚至不包括食品。尽管它们的设计模仿食品的外观、形状或感官品质，但通常并不被认为是食品。

用于制作超加工食品的许多配料无法从零售商处购买到，因此这些配料也不能用于制作菜肴和餐食。添加剂就是一个例子。这些配料中有一些直接来源于食品，如油、淀粉和糖；其他则需要对食品成分进一步加工才能获得，如氢化油脂、水解蛋白、改性或提纯淀粉。超加工产品的另外一个特征，是包含防腐剂、稳定剂、乳化剂、黏合剂、膨胀剂、甜味剂、感官增强剂、加工催化剂、染色剂和香料的各种组合。膨胀可以通过添加空气或水来实现。可以通过添加微量营养元素来"强化"产品。

超加工还包括旨在使配料看起来像食品，以及开发新奇产品的技术，如压铸、倒模或重塑技术。它还涉及工业化烹饪，如通过煎炸和烘焙进行预加工。上述方法虽然都模拟家庭烹饪，但由于涉及一系列加工与家庭烹饪非常不同。这里列出的大多数超加工食品都是以日益精细的食品科学和技术为基础的发明。新产品通常最初在工业实验室中产生。

例如批量制作的面包、小圆面包、蛋糕和糕点、曲奇（饼干）、蜜饯（果酱），酱汁，肉类，酵母和其他提取物，冰淇淋、巧克力、糖果（糖果糕点），人造黄油，罐装或脱水汤，婴儿配方奶粉、后续奶制品和婴儿产品，早餐谷物，蛋糕混合物，即食包装的汤和面条，薯条（薯片），以及其他许多类型的多脂、甜的或咸的零食，包装甜点，加糖或甜味剂的牛奶和水果饮料，软饮料和能量饮品。

许多类似于家常菜的食品，如肉块、其他再造肉制品和禽制品，以及许多即食食品，实际上都属于超加工食品，因为它们的配方，配料的主要性质，以及所使用的添加剂组合都具有超加工食品的特征。许多人把这类食品称作方便食品，它们取代了家常菜，几乎在任何地方都能食用，如快餐店、家（例如在看电视时）、书桌或工作地点的任何地方、街头，以及在驾驶时。

表 3　NOVA 分类体系

食品组别和定义	举　例
1. 未加工和最低限度加工食品 未加工食品是指收获、采集、屠宰或饲养后立即使用的植物源（如叶、根、块茎、果实、坚果、种子）或动物源（如肉、组织和器官、蛋、牛奶）食品。 最低限度加工食品是指不添加或引入任何物质成分，但可能去除未加工食品部分物质成分的食品。工艺包括清洁、擦洗、清洗、风选、脱壳、去皮、摩擦、挤压、剥落、剥皮、剔骨、雕刻、分割、刮鳞、切片、干燥、撇脂、减脂，以及烹饪、巴氏消毒、杀菌、冷藏、冷冻、密封、装瓶（诸如此类），简易包装、真空和气体包装。在麦芽啤酒中添加水的过程也属于最低限度加工，因为这是一个添加有机体的发酵过程，但过程中不会产生酒精	新鲜、冷藏、冷冻、真空包装的蔬菜和水果，谷物（谷类食物），包括所有类型的大米，新鲜、冷冻和干燥的豆子和其他豆类（干豆）、块根和块茎，菌类，水果干和鲜食或巴氏杀菌的非还原果汁，无盐坚果和种子，新鲜、干燥、冷藏、冷冻肉类，家禽、鱼类、海鲜，新鲜、巴氏杀菌的全脂、低脂、脱脂牛奶，发酵乳如纯酸奶，鸡蛋，面粉、面粉和水制成的生意大利面，茶、咖啡、草药液，自来水、过滤水、泉水、矿物质水
2. 已加工的烹饪配料 已加工的烹饪配料是指从食物成分中提取和精制的食品，或从自然界获得的食品，如盐。可能使用稳定剂、纯化剂或其他添加剂	植物油，动物油脂，糖和盐，淀粉
3. 加工食品 通过将盐或糖（或其他烹饪用途的物质，如油或醋）加入完整食品中，以延长保质期或提升口感。加工食品以原始食品为基础，仍被认为属于原始食品类别。它们通常被制作成餐食或菜肴的一部分，但也可以与超加工食品一起使用，用来代替以生鲜食物为基础制作的菜肴和餐食。具体工艺包括用油、糖或盐进行装罐或装瓶，以及盐腌、盐浸、烟熏、腌制等保存方法	保存在盐水中的罐装或瓶装蔬菜或豆类，保存在糖浆中的全果或切片水果，保存在油中的罐装全鱼或切片鱼，盐坚果，未经重新加工的肉类和鱼类，如火腿、熏肉、熏鱼，奶酪，以及用小麦粉（或其他谷物粉）、水、发酵物和盐制成的面包

（续）

食品组别和定义	举　例
4. 超加工食品和饮料 　　主要或全部由食品或其他有机源的物质成分制成，但通常含量很少，甚至不包括食品。具有保质期长、方便、易购、非常或超级好吃的特点，通常会习惯性依赖。尽管它们的设计模仿食品的外观、形状或感官品质，但通常并不被认为是食品。 　　超加工食品的许多配料无法从零售商处购买到。这些配料中有一些直接来源于食品，如油、油脂、面粉、淀粉和糖；其他则需要对食品成分进一步加工或对其他有机源进行合成。大多数配料都是防腐剂、稳定剂、乳化剂、黏合剂、膨胀剂，甜味剂、感官增强剂、染色剂和香料，加工催化剂以及其他添加剂。膨胀可以通过添加空气或水来实现。可以通过添加微量营养元素来"强化"产品。主要是自行使用或作为零食的一部分。加工工艺包括氢化、水解，挤出、模塑、重塑，如通过煎炸和烘焙进行预加工	薯条（薯片）、许多类型的多脂、甜的或咸的零食，冰淇淋、巧克力、糖果（糖果糕点），炸薯条（薯片）、汉堡包和热狗，禽肉和鱼肉块或棒（条），批量制作的面包、小圆面包、曲奇（饼干），谷类早餐，点心、蛋糕，能量棒、蜜饯（果酱）、人造黄油，甜点，罐装、瓶装、脱水的汤、面条，酱汁，肉、酵母提取物、软饮料、碳酸饮料、能量饮品，加糖或甜味剂的牛奶饮品、炼乳，水果和水果花蜜饮料、速溶咖啡、可可饮品，预先加工的肉、鱼、蔬菜、奶酪、比萨、意大利面等菜肴，婴儿配方奶粉和婴儿产品，健康、减肥产品，如代餐粉、营养剂

　　来源：改编自 Monteiro 等，2012。

图书在版编目（CIP）数据

基于食品消费调查的食品加工信息收集指南 / 联合国粮食及农业组织编著；董程译 . —北京：中国农业出版社，2019.12

（FAO中文出版计划项目丛书）

ISBN 978-7-109-25782-5

Ⅰ.①基… Ⅱ.①联… ②董… Ⅲ.①食品加工-情报搜集-指南 Ⅳ.①TS205-62

中国版本图书馆 CIP 数据核字（2019）第 167822 号

著作权合同登记号：图字 01-2018-4707 号

中国农业出版社出版

地址：北京市朝阳区麦子店街 18 号楼

邮编：100125

责任编辑：郑 君

版式设计：王 晨 责任校对：吴丽婷

印刷：北京中兴印刷有限公司

版次：2019 年 12 月第 1 版

印次：2019 年 12 月北京第 1 次印刷

发行：新华书店北京发行所

开本：700mm×1000mm 1/16

印张：2.75

字数：52 千字

定价：36.00 元